恐龍、藍菌
和更古老的生命

史軍 / 主編
史軍、楊嬰、于川 / 著

三民書局

每位孩子都應該有一粒種子

在這個世界上，有很多看似很簡單，卻很難回答的問題，比如說，什麼是科學？

什麼是科學？在我還是一個小學生的時候，科學就是科學家。

那個時候，「長大要成為科學家」是讓我自豪和驕傲的理想。每當說出這個理想的時候，大人的讚賞言語和小夥伴的崇拜目光就會一股腦的衝過來，這種感覺，讓人心裡有小小的得意。

那個時候，有一部科幻影片叫《時間隧道》。在影片中，科學家們可以把人送到很古老很古老的過去，穿越人類文明的長河，甚至回到恐龍時代。懵懂之中，我只知道那些不修邊幅、蓬頭散髮、穿著白大褂的科學家的腦子裡裝滿了智慧和瘋狂的想法，他們可以改變世界，可以創造未來。

在懵懂學童的腦海中，科學家就代表了科學。

什麼是科學？在我還是一個中學生的時候，科學就是動手實驗。

那個時候，我讀到了一本叫《神祕島》的書。書中的工程師似乎有著無限的智慧，他們憑藉自己的科學知識，不僅種出了糧食，織出了衣服，造出了炸藥，開鑿了運河，甚至還建成了電報通信系統。憑藉科學知識，他們把自己的命運牢牢的掌握在手中。

於是，我家裡的燈泡變成了燒杯，老陳醋和食用鹼在裡面愉快的冒著泡；拆解開的石英鐘永久性變成了線圈和零件，只是拿到的那兩片手錶玻璃，終究沒有變成能點燃火焰的透鏡。但我知道科學是有力量的。擁有科學知識的力量成為我嚮往的目標。

在朝氣蓬勃的少年心目中，科學就是改變世界的實驗。

什麼是科學？在我是一個研究生的時候，科學就是酷炫的觀點和理論。

那時的我，上過雲貴高原，下過廣西天坑，追尋騙子蘭花的足跡，探索花朵上誘騙昆蟲的精妙機關。那時的我，沉浸在達爾文、孟德爾、摩根留下的遺傳和演化理論當中，驚嘆於那些天才想法對人類認知產生的巨大影響，連吃飯的時候都在和同學討論生物演化理論，總是憧憬著有一天能在《自然》和《科學》雜誌上發表自己的科學觀點。

在激情青年的視野中，科學就是推動世界變革的觀點和理論。

直到有一天，我離開了實驗室，真正開始了自己的科普之旅，我才發現科學不僅僅是科學家才能做的事情。科學不僅僅是實驗，驗證重力規則的時候，伽利略並沒有真的站在比薩斜塔上面扔鐵球和木球；科學也不僅僅是觀點和理論，如果它們僅僅是沉睡在書本上的知識條目，對世界就毫無價值。

科學就在我們身邊——從廚房到果園，從煮粥洗菜到刷牙洗臉，從眼前的花草大樹到天上的日月星辰，從隨處可見的螞蟻蜜蜂到博物館裡的恐龍化石……處處少不了它。

其實，科學就是我們認識世界的方法，科學就是我們打量宇宙的眼睛，科學就是我們測量幸福的量尺。

　　什麼是科學？在這套叢書裡，每一位小朋友和大朋友都會找到屬於自己的答案——長著羽毛的恐龍、葉子呈現寶石般藍色的特別植物、殭屍星星和星際行星、能從空氣中凝聚水的沙漠甲蟲、愛吃媽媽便便的小黃金鼠……都是科學表演的主角。這套書就像一袋神奇的怪味豆，只要細細品味，你就能品嚐出屬於自己的味道。

　　在今天的我看來，科學其實是一粒種子。

　　它一直都在我們的心裡，需要用好奇心和思考的雨露將它滋養，才能生根發芽。有一天，你會突然發現，它已經長大，成了可以依託的參天大樹。樹上綻放的理性之花和結出的智慧果實，就是科學給我們最大的褒獎。

　　編寫這套叢書時，我和這套書的每一位作者，都彷彿沿著時間線回溯，看到了年少時好奇的自己，看到了早早播種在我們心裡的那一粒科學的小種子。我想通過書告訴孩子們——科學究竟是什麼，科學家究竟在做什麼。當然，更希望能在你們心中，也埋下一粒科學的小種子。

主編　史軍

目錄 CONTENTS

新元古代

水平鑽孔痕跡

最早的動物活動痕跡化石

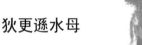

狄更遜水母

最早保存完整軟組織的後生動物化石

最早的貝殼類

小殼動物

古生代

寒武紀

最早的後口動物

皺囊蟲

昆明魚

最早的魚類

奧陶紀

房角石

後生動物大繁盛

志留紀

泥盆紀

魚石螈

動物登陸：最早的兩棲動

石炭紀

脈羊齒

種子蕨大舅

二疊紀

異齒龍

爬行類大繁盛

頂囊蕨

植物登陸

鄧氏魚

魚類大繁盛

鱗木

鱗木類大繁盛

林蜥

最早的爬行類

四角獸

有史以來最慘烈的生物大滅絕

中生代

新生代

三疊紀

艾雷拉龍

最早的恐龍

哺乳類的近祖

三尖叉齒獸

侏羅紀

大型蜥腳類恐龍

恐龍大繁盛

始祖鳥

白堊紀

形如老鼠的早期靈長類

木蘭類

最早的靈長類動物

三角龍

恐龍滅絕

古近紀

新近紀

第四紀

三趾馬

哺乳類大繁盛

猛獁象

智人

人類快速演化

地球生命的誕生

生命在海底深淵誕生

真核生命起源

冥古宙	太古宙				元
	始太古代	古太古代	中太古代	新太古代	古元古代

成鐵紀

層侵紀

造山紀

固結紀

地球的誕生

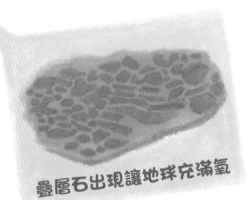

疊層石出現讓地球充滿氧

寒武紀大爆發

恐龍時代

人類起源

宙		顯生宙		
代	新元古代	古生代	中生代	新生代
	拉伸紀	寒武紀	三疊紀	古近紀
	成冰紀	奧陶紀	侏羅紀	新近紀
	埃迪卡拉紀	志留紀	白堊紀	第四紀
		泥盆紀		
		石炭紀		
		二疊紀		

生命起源於幽深的海底

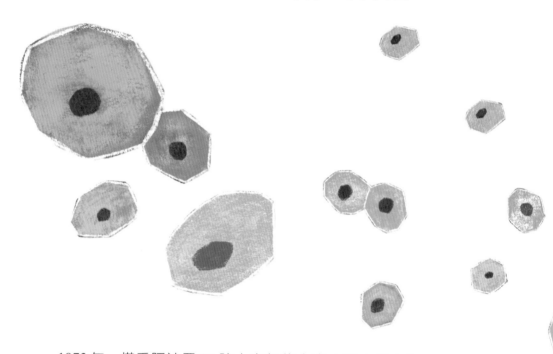

　　1972 年，搭乘阿波羅 17 號太空船的太空人在太空中為地球拍下了一幅「全身照」，這就是「藍色彈珠」(The Blue Marble)。照片上，地球孤獨的懸浮於漆黑的宇宙中，它擁有寶藍的大海和雪白的流雲，足裹南極的冰雪，頭頂北非的黃沙。在這顆藍色彈珠上，數不清的生命在海中遨遊、雲中穿梭、陸上生長。生命在漫長的地球歷史中具有舉足輕重的地位，科學家也一直在尋找生命誕生的時間和地點。

地球的「24 小時」

　　多年的研究，讓科學家們能夠為地球和生命繪製一幅歷史長卷。地球的歷史有 46 億年。如果把這長長的歷史壓縮為 24 小時，那麼從 0 點開始計算，生命的第一聲啼哭要到凌晨 5 點才會響起。漫長的白晝裡，生命都以單細胞的形式存在，直到黃昏時分才演化出簡單的多細胞個體。

晚上 9 點到 10 點是一場令人眼花撩亂的盛宴——第一批節肢動物、第一條魚接連出現；植物以原始的卑微之姿爬上陸地，長成參天巨木；兩棲動物用笨拙的四肢探出泥沼，征服荒原。晚上 10 點到 11 點，爬行動物全面占領海陸空，哺乳動物的祖先在恐龍的巨大陰影下委曲求全。

晚上 11 點開始，這個世界才從光怪陸離慢慢變成我們熟悉的模樣。天空中添了飛鳥，樹林中盛開花朵，直到 11 點 37 分，一個火球從天而降，恐龍和菊石——陸地和海洋的兩大霸主灰飛煙滅。

距離午夜 12 點還有 3 分鐘，人類終於登場，但這時的我們還是猿人，才剛剛學會直立行走。一直到距離午夜只有 1 分 10 秒時，與現代人一樣的人類才真正出現。

同屬於碳元素的原子核中,含有相同數量的質子和不同數量的中子。根據中子數的由少至多,就分成了由輕到重的幾種「同位素」。

碳是組成生命的重要成分(碳可以形成各種有機物)。在所有碳同位素中,比較輕的碳同位素比重的碳同位素更容易被「搬運」,因此,輕碳同位素更容易參與到由能量和分子反應推動的生物過程中,生物體也比周圍的環境更容易收集輕碳同位素。

提前「2 小時」登場的生命

2017 年,英國的科學家在加拿大魁北克省找到了一些奇特的岩石。

如今石頭是在陸地上,可是在 43 億年前,它們卻身處幽深的海底。它們包含很多鐵質的細絲和細管,像極了今天大洋深處熱泉環境下的鐵細菌。科學家們分析這種石頭的碳元素組成,發現其中的碳元素比自然狀態下的輕,這是曾有過生命活動的重要標誌——因為地球上的生命總喜歡收集輕的碳元素。

　　43 億年前，「24 小時制地球」的凌晨 2 點左右。

　　地殼才形成不久，地球上到處火山噴發，海洋中
毒氣瀰漫。大洋中部的海底裂縫噴湧著灼熱的岩漿和
熱泉，在碰到冰涼的海水後冷凝為疏鬆多孔的岩石，
沉澱下的硫化物和硫酸鹽堆積成 60 公尺高的高塔。而
最早的單細胞生命，就在岩石的孔洞裡孕育成形。

TIPS
深海熱泉

在海底一些地殼薄弱的裂谷地帶，往往出現火山噴發或岩漿
上湧的現象，釋放大量熱能，沉積出各種各樣的金屬礦產，
並孕育出奇特的深海生物群。

　　值得一提的是，43 億年前的火星其實與當時的地球非常相似。那時火星有海洋，有火山作用，有海底噴湧的熱泉。科學家們相信，加拿大的古老岩石不僅印證了地球最古老生態系統的形態，更為我們尋找地外生命打開了一扇新的窗戶。

　　生命誕生於幽深的海底，而非恆星光芒照耀之處。可以說，黑暗給了生命漆黑的家園，它們卻最終浮上海面，尋找光明。

02

疊層石：讓地球充滿氧氣

TIPS
溫室氣體
························

包括二氧化碳、甲烷
（沼氣的主要成分）
等。在大氣中，它們
可以吸收太陽的熱
能，使地球表面溫度
上升。
························

大家應該聽說過「溫室效應」這個詞吧？人類進入工業時代後，使用石油、煤炭等化石燃料，釋放了大量溫室氣體，導致全球暖化。

人類把好好的地球變成了一個「大烤箱」，給生態系統，甚至我們自己都造成了大麻煩。不過事情大多有兩面性，這幾年南北極冰蓋融化，倒是讓我們找到了一直被冰雪掩蓋的「珍寶」。

冰蓋下的超級大發現

2016 年，科學家們在寒冷的格陵蘭島發現了一塊新解凍的土地。這個地區的岩石非常古老，高齡 37 億歲。令人興奮的是，岩石裡竟然保存了化石！儘管這些岩石不如加拿大魁北克的石頭（在前一篇提到過喔）古老，卻保存了目前已知、最早靠太陽能量生長的生命形式。

在格陵蘭島的岩石中，我們可以找到一類叫「疊層石」的生物構造。它們是由能進行光合作用的微生物與泥土一層疊一層形成的。格陵蘭島的古老疊層石，形狀像一座座微型的山峰，看著那一個個尖頂，就彷彿看到了 37 億年前的光合微生物們一層層疊羅漢，努力向光生長的樣子。

疊層石裡的光合微生物大多是一種叫「藍菌」的單細胞生物，也有人叫它「藍藻」或「藍綠藻」。藍菌利用體內的葉綠素進行光合作用，是利用太陽光製造有機物的先驅，現在的所有植物都繼承了它的偉大遺產。

TIPS
疊層石

一些能進行光合作用的微生物（大多是藍菌）一邊生長，一邊黏結環境中沉澱的泥沙等物質，層層相疊，向光源拱上去，形成柱狀或錐狀的生物沉積構造，這就是疊層石。它們在 35 億～5 億年前的地球上廣泛存在，從寒武紀開始迅速衰落。到如今，疊層石已經非常少見，主要集中於中美的巴哈馬群島和西澳大利亞州的鯊魚灣。

疊層石與真核生物崛起

由疊層石組成的生態系統在遠古地球上廣泛存在。疊層石中的藍菌在以光合作用製造糧食的同時，還要排放自己討厭的廢氣。廢氣越積越多，到了距今 20 億年前，逐漸催生出一類靠「廢氣」生存的，「重口味」的生物——它們的名字就叫作「真核生物」。而這種廢氣就是氧氣——當今地球上大多數生命賴以為生的東西。

真核生物，顧名思義，就是有個真正的「核」的生物——這個「核」指的是細胞核。

也就是說，如果一個生物的細胞中，具有一個明顯的、由一層膜包裹的核，而且這個核裡集中了細胞幾乎所有的遺傳物質，那麼這類細胞就等於擁有真正的細胞核，擁有這類細胞的生物就叫真核生物。

紫菜、海帶、苔蘚、樹、魚、蝦、牛、馬、人……都是真核生物。它幾乎囊括了我們肉眼可見的所有生物。

與此相反，有一些形式比較簡單的生物，它們的細胞一般比較小，細胞內也沒有被膜包裹、攜帶遺傳物質的核，它們就是原核生物啦，比如細菌、藍菌等等。

　　真核細胞不僅多了個細胞核，還因為個頭大，所以在自己身體裡塞了各種各樣的「器官」。科學家們把這些器官叫作「胞器」。其中一種胞器叫「粒線體」，是專門用來對付氧氣的，它能幫助細胞呼吸，比原核細胞更有效率的進行生命活動。

　　可以說，沒有藍菌，就沒有今天富含氧氣的大氣，也就沒有包括我們人類在內的真核生物。而給藍菌提供容身之所的疊層石生態系統，正是這一切出現的前提。

TIPS
生物的域
....

今天的科學家把生物分為三個「域」：細菌域、古菌域和真核生物域。古菌常生活在熱泉、鹽湖等普通生物難以生存的極端環境中。它們與細菌同屬於原核生物，在形態上與細菌相似，細胞尺寸小，沒有細胞核，也沒有由膜所包裹的胞器；但在DNA序列和生物代謝途徑上卻與真核生物相似。

....

最古老的真核生物化石，和紫菜是近親

　　相信不少人都喜歡紫菜的鮮味和口感，紫菜蛋花湯、壽司、海苔……這些食物都要用到它。

　　紫菜是一種「藻類」。藻類一般生活在水中，所以人們經常叫它們「水藻」、「海藻」等。藻類與我們熟悉的陸生綠色植物一樣，含有葉綠素等光合色素，可以進行光合作用，但它們的身體卻沒有根、莖、葉的分化。

　　絕大多數藻類全身上下只有一個細胞，像個獨來獨往的「獨行俠」——按科學家的行話來說，「藻類大多是單細胞的浮游類型」。但是也有例外，有些大型藻類的身體由許多細胞組成，是「多細胞藻類」，其中就有紅藻。而紫菜就屬於紅藻的一分子啦。

特別的多細胞藻類：紅藻

作為一種多細胞藻類，紅藻的身體裡不僅有常見的葉綠素，還有很多叫「藻紅素」的紅色素，所以紅藻的身體通常是紅通通的。像紫菜這樣的紅藻，還含有「藻藍素」，紅藍相加，所以呈現紫色。

大多數紅藻生活在海洋中，身體由許多細胞組成。從這些細胞自身的外壁——細胞壁中可以提煉出一種叫「瓊脂」的凝膠狀物質，小朋友們愛吃的果凍、布丁裡就經常有它的身影。

紅藻的細胞會聚集成不同的細胞群，分化出不同的形態，並且各司其職，不僅能讓紅藻像小樹一樣固著在岩石上，還能讓它們伸展肢體，擁有絲狀、葉片狀或樹枝狀的姿態。

奇妙精緻的化石證據

雖然紅藻和人類截然不同，但如果仔細觀察細胞內有沒有細胞核，就會發現兩者都是「真核生物」。作為一種能思考的真核生物，我們人類總是在追索自己的起源和由來。而「真核生物何時起源」正是這類思考中的一個重要問題。

要知道答案，最直接的證據就是化石了。2017 年，瑞典的科學家在印度中部的岩石中找到了 16 億年前的紅藻化石——它們有的像一根根細絲，有的是葉片狀，與今天的紅藻幾乎一模一樣。

更奇妙的是，化石精緻到能保存細胞內的結構！紅藻細胞內有一種叫「澱粉核」的「器官」，和光合作用有著莫大的關係。印度這些 16 億年前的化石，居然把澱粉核也保存了下來，第一次把化石細胞內的複雜結構展現在科學家面前。

這是到目前為止，最確實的真核生物化石證據。科學家現在知道了：真核生物的起源時間至少在 16 億年前。

走進寒武紀大觀園

　　距今 5.4 億年前，地球開始進入一個叫「顯生宙」的新紀元。從那時起，生命不再是一個個單細胞的小東西，它們開始向體形較大的多細胞後生生物發展，把海洋裝點得多姿多彩。

TIPS
後生生物

是除原生生物（原始的單細胞生物，它們全身上下只有一個細胞）之外的多細胞生物的總稱。它們的身體由許多細胞組成，細胞分群，形態相異，各有分工，共同完成生物體的生命活動。

寒武紀：生命大爆發

寒武紀是顯生宙的第一個「王朝」，它持續的時間有5000萬年之久。

在這期間，生命突破了之前闃寂無聲的發展狀態，海洋變成了生命演化的「實驗場」，史稱「寒武紀大爆發」。

這些生命，有的發展出與當今生命相似的身體結構，而更多則有著讓我們吃驚的相貌。在中國雲南省澄江縣的帽天山上，一層層頁岩就像一張張書頁，將5.2億年前的海洋之景濃縮其中。奇形怪狀的化石五花八門、栩栩如生，被古生物學家稱為「澄江生物群」，真可以說是一座「寒武紀大觀園」。

下面，就讓我們逛逛這座大觀園，跟其中三位海洋動物打個招呼吧。

怪誕蟲：背上也長腳嗎

看看怪誕蟲的模樣，上下都長「腳」，分不清哪裡是肚皮、哪裡是後背。當年，科學家剛發現牠時就非常苦惱，覺得這種渾身長腳的生物是「離奇的白日夢」中才會看見的東西——可是慢著！牠真是背上也長腳嗎？

其實，怪誕蟲還是上下有別的。

牠一面的「腳」從身體側邊的圓形小骨片上伸出來。這些「腳」尖尖的，看上去也比較堅硬，但這其實不是腳，而是長在怪誕蟲背上的刺。另一面比較長的，才是真正的腳，大名叫「葉足」。這些肉呼呼的小腳大多長在與刺相對的位置，還有一對長在身體最後方，每隻腳上還有一對小爪子。

怪誕蟲的腦袋呈橢圓形，脖頸比較細，脖子後方還長著一些「小手」，科學家們稱這些手為「附肢」。

怪誕蟲只有 2 公分長。牠們的爬行速度很慢，在寒武紀的海底，牠們就用這些軟軟的小腳優雅的踱著方步，過著慢條斯理的生活。

微網蟲：渾身都是眼

微網蟲離奇，是因為牠有很多隻眼睛！牠們的身體是一節一節的，每一節都背部微隆、表面光滑，一左一右各嵌著一隻眼睛。這些眼睛是圓形、卵形或略成菱形的骨片，上面擠滿了六角形的圖樣，像一塊小篩子，與昆蟲的複眼很相似。

微網蟲和怪誕蟲的親緣很近，大一些的可以長到菜青蟲大小。牠每隻眼睛的下方都伸出一隻葉足，再加上一前一後各有一對多出來的附肢，可以說微網蟲有 22 隻腳。這些腳與怪誕蟲的腳一樣肉呼呼的，還帶著兩個小爪，牠們可以用爪子扒住其他生物，讓自己依附在其他生物身上，靜靜休息或仰頭享用水流帶來的美食。

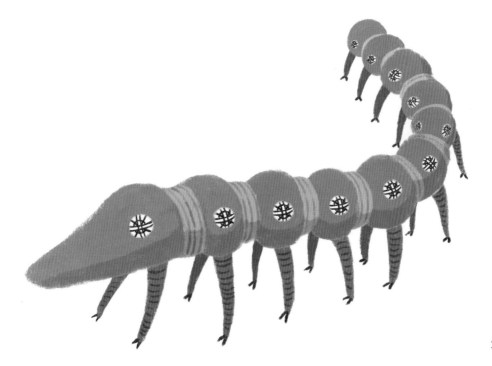

TIPS
營養乳滴
哺乳動物的乳汁,比如牛奶、人乳等,主體是水,另外還有許多營養成分,其中糖、蛋白質、礦物質等可溶於水與不溶於水的,還有由脂肪形成的乳脂球懸浮於水中。人們對照著乳汁的結構,把像乳汁中的乳脂球,以小液珠的形式懸浮於水中且不溶於水的液滴,叫作「乳滴」。在海底生態系統中,海水裡也經常漂蕩著一些富含營養的乳滴,它們可能來自其他生物,比固體生物殘骸更容易被吸收。

科學家們還不清楚牠的口味,也許牠喜歡吃活物,也許牠是像蚯蚓那樣的腐食者,也有可能牠偏愛懸浮於水流中的營養乳滴。

仙人掌滇氏蟲:行走的「仙人掌」

這是一棵仙人掌嗎?錯!牠可是不折不扣的蟲子,名叫「仙人掌滇氏蟲」。

牠的基本身體構造和怪誕蟲、微網蟲一致,都是科學家口中的「葉足動物」型。但滇氏蟲的腳卻不再是肉呼呼的了,牠穿著「戰靴」,長滿小刺,20 條腿就像 20 根狼牙棒,一看就知道不好惹。雖然仙人掌滇氏蟲仍和普通的葉足動物一樣,在海底爬行,以淤泥為食,但從牠一身的披掛和強健的腿就能感覺得到:牠比其他的葉足動物警醒很多,十分懂得「防人之心不可無」的道理。

節肢動物的身體被分節的外骨骼所覆蓋，體節之間的關節可以活動，觸角、足、口器等從每節體節上伸出，統稱為「附肢」，附肢也分節。昆蟲、蜘蛛、蝦、蟹等都屬於節肢動物。葉足動物的身體雖然也分節，但像一條軟軟的蠕蟲，一般沒有外骨骼包裹，牠們的附肢也通常柔軟不分節，少數附肢頂端帶爪子。葉足動物在寒武紀很興盛。現代的水熊蟲與牠們關係密切。

　　古生物學家認為，這種聰明的蟲子，正是葉足動物向節肢動物演化的過渡類型，是包括蜘蛛、昆蟲等在內的節肢動物大家庭的先驅。

05

10 萬年前，地球上真的有「金剛」

　　從 1933 年的第一版金剛，到 2005 年《魔戒》導演所拍的金剛，再到 2016 年《與森林共舞》裡的金剛，電影中這隻巨大的猩猩越來越大、越來越逼真。牠和哥吉拉一樣，代表了幾代小朋友心中的怪獸形象，也承載了幾代人對環保和人性的思考。

超強猿猴登場

金剛的體型和力量完全壓制人類，但無論牠有多厲害，畢竟都是人想像出來的。這樣的恐怖生物不存在於人世，恐怕是有人惋惜，有人慶幸吧。

可是等等！你說世界上從來沒有過金剛這樣的生物？這句話可值得商榷——巨大的猩猩是有的！

牠的名字簡單明瞭，叫巨猿。老家就在亞洲東南部，中國的廣西、湖北和四川，還有印度和越南也留下過牠的腳印。牠們的體型雖然不及電影中的金剛大，但也是身高 3.5 公尺左右，體重 500 公斤的巨無霸。這麼大的個頭，要找兩位爸爸疊羅漢，上面的爸爸才能摸到牠的頭頂；這樣的體重，至少要找十五六個三、四年級的小學生才能壓得住秤。

不過，你也不用擔心發生電影裡那樣的災難。巨猿雖然存在過，但早就滅絕啦。牠們生活的時代可以追溯到 900 萬～600 萬年前，一直到 10 萬年前才完全消失蹤跡。這些大傢伙生活在茂密的竹林裡，不僅跟貓熊的老祖宗比鄰而居，還和貓熊一樣以吃竹子為主，不沾葷腥。

大家可能會覺得奇怪，巨猿都滅絕了，古生物學家怎麼還知道牠吃什麼呢？這就不得不提到巨猿的牙齒了。

藥店裡找到的巨猿化石

巨猿的化石其實非常少，大多都是一顆顆的牙齒，此外還有幾副顎骨——也就是完整保存牙齒的牙床。這些化石最早是德裔荷蘭籍古生物學家孔尼華從藥店裡發現的。

之所以會在藥店裡發現化石，是因為中國人的中藥裡，有很多奇奇怪怪的藥材——有一味藥叫「龍骨」，其實就是一些動物，甚至古人類的骨頭化石。

1935 年，也就是第一版《金剛》電影上映兩年後，荷蘭的這位古生物學家在香港的中藥舖子裡尋找「龍骨」，竟然真的找到了一枚非常大的類人猿牙齒。這個發現拉開了認識巨猿的序幕。

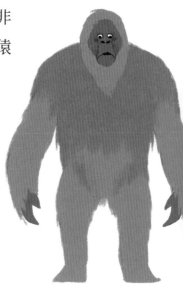

婆羅洲猩猩

1.4 公尺
100 公斤

現代人類

1.65 公尺
62 公斤

東部大猩猩

1.65 公尺
200 公斤

巨猿

3.5 公尺
540 公斤

這位學者遍尋中國的中藥舖，收集到了一些巨猿牙齒和顎骨。他用自己的知識，從這些零星的材料出發，以小見大，描繪出了這種動物的形象，並且給牠起了「巨猿」這個霸氣的名字。

巨無霸原來吃素

　　牙齒小而堅硬，是人、類人猿、牛、馬、劍齒虎等哺乳動物身上最容易保存成化石的部位。因此研究古哺乳動物的學者經常自嘲，說自己是「牙醫」。不過這牙醫可不是白當的──巨猿不刷牙，牙齒上的劃痕、結石和牙縫裡塞的食物殘渣都能告訴科學家，牠生前吃什麼，什麼是主食，什麼是副食。所以科學家們才會知道，這些遠古的金剛其實是人畜無害的素食者。

　　科學家還告訴我們，巨猿的確曾經和人類的老祖宗──名為「直立人」的古人在同一個時代裡生活過。也許幾十萬年前，人和猿之間真的像電影裡演的那樣，有過非同尋常的愛恨情仇。

金剛

7.5 公尺

20000~60000 公斤

06

猛獁象滅絕的原因是久旱逢甘霖？

在乾旱的北方，一場溫潤的細雨會讓灰頭土臉的花花草草立刻挺直腰桿，變得容光煥發。溼潤的氣候、充足的雨水，能滋養出繁茂的草木，帶來生機勃勃的景象。古往今來，雨水不知得了人們多少讚美。可是根據最新的研究，溫柔的斜風細雨也當過種族滅絕的大殺手呢！曾經廣泛分布於歐亞大陸和美洲大陸上的巨型草食性動物，比如猛獁象、大地懶，可能就是因為冰川時代末期的溼潤天氣而滅絕的。

氮原子揭露的大祕密

要研究已經滅絕的動物，古生物學家一般只能對著乾巴巴的石頭下功夫；但是研究像猛獁象這樣第四紀才滅絕的動物就「幸福」多了——牠們滅絕的時間還不長，有很多骨骼甚至屍體保存在北方寒冷的永久凍土帶裡。

澳大利亞有間研究中心就專門研究保存在凍土裡的古生物 DNA。有一天，他們靈機一動，不再只測 DNA，轉而檢測了膠原蛋白裡的氮原子。這一測不要緊，一個隱藏很深的殺手就被揪出來了。

氮原子有兩種穩定的同位素：氮 14 和氮 15。環境變化會讓土壤中的這兩種同位素的比例發生變化，氣候越乾旱，氮 15 的比例就越高。而土壤中的氮同位素比例發生變化時，土壤中長出的植物也會隨之改變，植物被動物吃掉，又改變了動物身體裡的氮同位素比例。所以，科學家測定氮原子的氮同位素比例，就能判斷動物生活的環境是乾燥還是溼潤，以及當時大致生長著什麼類型的植物。

TIPS
第四紀

開始於 260 萬年前，是地質時代中最新的一個紀，包括更新世和全新世兩個世。更新世是個大冰期，那時地球被巨型哺乳動物如猛獁象、劍齒虎等統治。1.2 萬年前，氣候轉暖，全新世開始，巨型哺乳動物相繼滅絕，地球進入人類的時代。

科學家們研究了 511 例精確測定過生活年代的骨骼，發現在距今 1.5 萬～1.1 萬年前，有個非常明顯的氣候溼潤期，歐洲、西伯利亞、北美和南美的草原都受到了影響。

而這個時期，正是巨獸們走向滅絕的時期。

是誰殺了猛瑪象

在這個溼度高峰期內，地貌發生了翻天覆地的變化：巨大遼闊的冰蓋崩塌融化，留下湖泊和河流；海平面上升，風向和洋流的改變把雨水帶到了曾經乾旱的內陸。於是，被廣闊草原覆蓋的大陸，變成了森林和沼澤。什麼？你說森林和沼澤裡的植物不是更茂盛嗎？為什麼像猛瑪象這樣的草食性大型哺乳動物會滅絕呢？

其實，比起森林，還是草原對草食性動物更加友好。草原和草食性動物是好夥伴，草原給草食性動物提供食物，草食性動物擔任了草地上的垃圾清潔員和肥料製造者。而森林裡的植物就「惡劣」多了——許多森林植物會產生有毒物質，不讓動物來吃。科學家一直在討論森林的擴張是不是導致這些大型草食性動物滅絕的兇手。

現在，證據來了：溼度上升與森林擴張不僅僅和巨獸們的滅絕同時期發生，而且全球各處都出現了這種現象。既然每個兇殺案現場都發現了它的足跡，至少被列為重要嫌疑人一點都不冤枉。

被破解的「非洲之謎」

關於一萬多年前的巨獸滅絕，還有個「非洲之謎」：在其他大陸上的巨獸紛紛滅亡的時候，為什麼非洲大陸的巨獸，比如河馬、大象、牛羚卻躲過一劫，生活到了現代？

有人說，這是因為非洲巨獸是和人類一起演化的，所以更善於應付人類的獵殺。然而這種說法經不起推敲——比如存在同樣情況的歐洲，尼安德塔人至少在歐洲生活了 20 萬年，歐洲的巨獸也在人類的屠刀下修煉過，卻沒能躲過滅亡的命運。

如果溼潤的氣候是兇手，這個現象就好解釋了。非洲橫跨赤道，中心的森林一直都被兩側的草原包圍，草原不曾消失，草原上的巨獸也就沒有滅絕。

提到氣候變暖，我們總會想到乾旱和饑荒，現在看來「久旱逢甘霖」也未必是好事。劇烈的環境變化——不管是變得乾旱還是溼潤，都是生命不能承受的。

「天生反骨」的鳥：反鳥

中國古代有一種迷信的說法，說人若腦後生反骨（枕骨突出），則必有對主上不忠的一天。在《三國演義》這部小說裡，諸葛亮就曾說大將魏延有反骨。

說人類頭上長反骨，其實有些荒唐；但在遙遠的過去，確實有一類鳥，因為長著兩塊與現今鳥類相反的骨頭而被叫作「反鳥」。

反鳥的「反骨」在哪裡

　　這兩塊骨頭並不長在鳥的腦後，而是和鳥類的飛行能力密切相關。

　　鳥和人一樣，身體兩側各有一塊肩胛骨。在人身上，肩胛骨的側前方連著一塊小小的突起，像尖尖的鳥嘴，叫「烏喙突」。而在鳥兒身上，「烏喙突」卻不是這麼不起眼，它是一塊長長的「烏喙骨」，與肩胛骨相夾，勾連起鳥身上最強健的兩塊飛行肌肉，讓鳥可以拍動翅膀自由飛翔。

　　大家如果喝過大骨湯，啃過煮湯的豬大骨，恐怕會對突起的關節留下很深的印象。骨頭和骨頭連接的部位，常常是一頭凸一頭凹的咬合在一起。在中國傳統建築中，用於不同部件間相連的「榫卯結構」就是這樣。

　　在現今的鳥類身上，肩胛骨一頭突起，嵌入烏喙骨一頭內陷的凹槽裡；反鳥卻是恰恰相反，是肩胛骨一頭凹陷，被烏喙骨的一頭嵌入──這就是牠的「反骨」。

凸　反鳥的
　　烏喙骨

凹　今鳥的
　　烏喙骨

反鳥和今鳥

有反鳥，那麼與之相反的正常鳥類是不是叫「正鳥」呢？這個思路挺有意思的，可惜正常的鳥類已經有了自己的名字，叫「今鳥」——也就是「現今的鳥類」。今鳥和反鳥共同構成「鳥胸骨類動物」這個大類群，兩者都是在 1.3 億年前的早白堊世出現在地球大舞臺上的。

雖然肩側的骨頭長反了，反鳥的飛行能力卻和今鳥一樣強。在這兩種鳥類之前的原始鳥類都是「地域性」的物種，也就是說，牠們只在很小的一塊地方繁衍生息，因為牠們的翅膀不夠有力量，飛不遠，無法帶牠們跨越高山和海洋。比如始祖鳥只待在德國，而目前已發現的其他原始鳥類只居住於中國東北地區和朝鮮半島。

今鳥和反鳥卻突破了這種地域限制，在整個白堊紀裡，牠們飛翔的身影遍布全球。

滅絕，只因運氣太差

可惜，白堊紀末的一場天災擋住了反鳥前進的腳步，牠們和恐龍一起滅亡了。

為什麼只有今鳥的老祖宗活下來了呢？因為「反骨」作祟？肯定不是。

很多科學家認為，在白堊紀末的大滅絕事件中，陸地上超過 90% 的生物都死去了。打個比方，假設反鳥和今鳥各有 1000 種，大滅絕讓反鳥全滅，而今鳥死了 999 種。其實無論是反鳥還是今鳥，都幾乎滅絕，損失慘重，至於今鳥能剩下一種，恐怕是有一群正好待在地洞裡，躲過了最難熬的時光──簡單的說，就是運氣好。

這個解釋還沒有找到直接的證據，所以並不是所有科學家都承認這種說法，他們仍想從反鳥自己身上找出原因。反骨雖然不妨礙飛行，但或許存在著其他問題呢？

到底是「白堊紀」還是「白堊世」

　　很多大朋友、小朋友都會問一個問題：聽別人介紹恐龍和古環境的時候，怎麼一會說是「白堊紀」，一會說是「白堊世」？電影《侏羅紀公園》裡不是「紀」嗎？「世」是不是錯了？

　　我們可以負責任的告訴大家：這兩個用法沒有錯誤，都是正確的。但「白堊世」這類詞不能單獨說，前面要加「早、中、晚」來說明。

每個時代的名字

我們說人類歷史的時候，會用「鐵器時代」和「青銅時代」等詞來區分年代；可要是再往前追溯到人類還沒有文字，甚至人類還沒誕生的時代，歷史應該如何分期呢？

科學家們研究了地球上的沉積岩，按沉積岩從舊到新的順序，把地層劃分為不同的單元——這就是「年代地層」。不同的年代地層對應不同的「地質年代」——也就是地球沉積這段地層所耗費的時間。

通過這個辦法，再結合近百年來發展起來的物理手段，科學家們發現地球已經高齡 46 億歲。然後，他們把這段漫長的時間根據年代地層先粗分再細分，並分別給對應的地質年代起了不同的名字。

「紀」和「世」的關係

TIPS

....

有興趣的小朋友可以翻到這本書最前面的「地球生命的誕生」，仔細看看地質年代的劃分喔！

....

　　我們常聽到的「侏羅紀」和「白堊紀」屬於地質年代系統中的基本單元——「紀」這一級的單位——也就是地質學家粗分的地質年代。而「晚三疊世」和「晚白堊世」等，則是把「紀」細分後得到的下一級單位——「世」。比如科學家們把侏羅紀一分為三，按時間的早中晚，自然就是「早侏羅世」、「中侏羅世」和「晚侏羅世」了。另外，比「紀」大的單位還有「代」和「宙」，比「世」小的單位還有「期」。

47

神龍翼龍：白堊紀的巨型天神

　　翼龍，曾經是稱霸天空長達 1.6 億年的霸主。牠們的名字裡有個「龍」字，卻不是恐龍；雖然與恐龍生活在相同的時代，卻只能被當作「會飛的爬行動物」。這種奇特的生物，是不少小朋友喜歡的遠古生物。

　　翼龍有大有小。小的如森林翼龍，只有麻雀那麼大；而大的**翼龍**，就是本文要介紹的主角——神龍翼龍了。

為什麼飛行動物翼龍被分在「爬行動物綱」？

生物的分類名稱是早期的科學家定的。雖然翼龍會飛，魚龍會游泳，但都與最早被定名為「爬行動物」的那一類親緣更近。換句話說，如果最早定名時依據的是翼龍，那麼也許今天所有鱷魚這樣的爬行動物就要叫「飛行動物」了。

展翼翱翔的龐然大物

　　神龍翼龍科的翼龍都是白堊紀的大傢伙，是地球上出現過的飛行動物中最大的。牠們屬於爬行動物綱翼龍目翼手龍亞目，最早見於1.4億年前的早白堊世，但大多數都生活在晚白堊世，即約 9000 萬～6500 萬年前。

　　神龍翼龍中最受人矚目的兩個屬，當數「風神翼龍」和「哈特茲哥翼龍」。

　　風神翼龍發現於北美。根據殘留的翅膀骨骼化石，科學家對牠的翼展──也就是兩翅展開後從左到右的長度進行了估算，最初給出了 11 公尺、15.5 公尺和 21 公尺三種結果，目前最可信的估算值在 10～11 公尺。哈特茲哥翼龍常被說成是翼龍中的巨無霸，翼展估計在 12 公尺左右。這樣的大小，真的可以媲美一架戰鬥機了。

TIPS
分類群

為了區分生物之間的親緣關係，生物學家根據生物形態、基因等特徵的相似性，將它們劃歸不同的「分類群」。分類群一般分為「界／門／綱／目／科／屬／種」七個級別。

真正能上下振動翅膀、進行主動撲翼飛行的動物在地球歷史上只出現過四次，留存至今的有昆蟲、鳥和蝙蝠，還有一種就是已經滅絕了的翼龍。研究發現，風神翼龍會吃暴龍的幼龍！

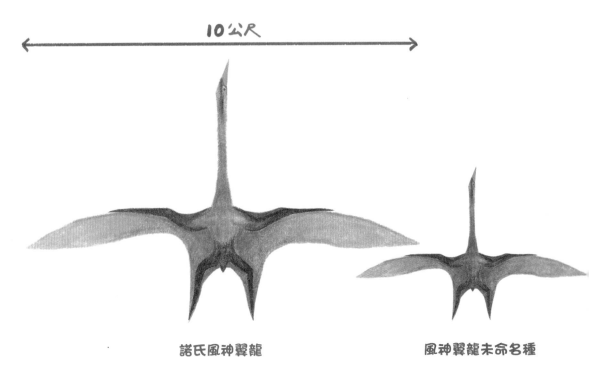

10公尺

諾氏風神翼龍　　　　　　　風神翼龍未命名種

奇特的孔洞骨骼

　　哈特茲哥翼龍僅發現過一種，是在現在羅馬尼亞的哈特茲哥盆地發現的，「哈特茲哥」這個名字就標明了牠的出身。

　　2002 年，法國和羅馬尼亞的古生物學家為這些奇特的化石定名，僅從一塊只保留著後半部的頭骨和一截左肱骨的末端，就復原出了這個 6500 萬年前的龐然大物。

據估算，哈特茲哥翼龍的頭長達 2.5 公尺。為了減輕重量適應飛行，這種翼龍「聰明」的將自己的骨頭重新設計了一下：牠的骨骼中充斥著孔洞，有的洞直徑甚至有 1 公分。骨頭本身由「骨小樑」這種異常輕薄的基質構成，像泡沫塑膠一樣。

難逃滅絕命運

在晚白堊世，哈特茲哥翼龍生活的地方是特提斯洋中的一個島嶼，地理、地質和氣候條件都與今天的海南島有些相似。

科學家認為，神龍翼龍科的大傢伙們一般都生活在海風呼嘯的海島和斷崖上。牠們憑藉海風翱翔於天空，在陸地上歇腳時卻頭重腳輕、步履蹣跚。

牠們擁有令人驚嘆的身形、征服天空的霸氣，卻被小島的海風嬌慣，最終走入了演化的死胡同，歸於沉寂。

TIPS
特提斯洋

海洋和人一樣，有誕生、成長和死亡的過程。特提斯洋（或者「古地中海」）是一片僅存在於中生代的古海洋。它於 2.5 億年前的三疊紀出現，在恐龍大繁盛的侏羅紀和白堊紀成長為世界上屈指可數的大洋。從 1 億年前的晚白堊世開始，特提斯洋慢慢閉合，並被大西洋、印度洋等新興的近現代海洋所代替。如今的地中海、黑海、裏海、鹹海等，可能就是特提斯洋「死亡」後的遺跡。

10

最早的人類祖先，是海底一粒蠕動的砂

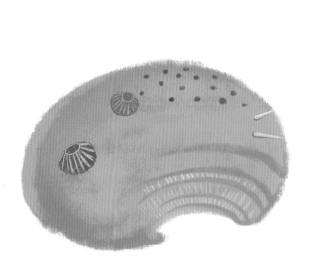
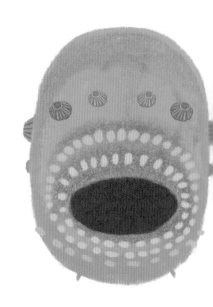

2017 年新年的第一天，中國古生物界就公布了一個超級重磅的發現——「科學家發現微型人類遠祖至親」。這個發現讓世界古生物界都為之振奮，算得上是西北大學和中國地質大學的古生物學家們給大家獻上的新年禮了。

不過，很多人可能要看不懂了：什麼叫「微型人類遠祖至親」？難道，是發現了超迷你的古猿嗎？

人類的祖先其實有很多

也許有人會覺得奇怪：人類的祖先不是古猿嗎？內行一點的可能還會說：古猿的時代太近了，寒武紀才夠遠吧？聽說寒武紀的「天下第一魚」才是人類祖先呀。

這兩種說法都對。因為生物是慢慢演化的，最早的簡單祖先，會演化出形態各異的複雜生命形式。所以越靠近源頭，生命的形式就越趨向於單一——這就像一棵樹，年代越久遠的祖先，越靠近樹幹；而越往後的生命就越向不同方向的樹梢走，占據樹冠上各個位置的枝頭。

我們可以把生命演化的歷史，畫成一棵「演化樹」。

演化樹：生命的「家譜」

古生物學家的一個主要工作，就是幫地球所有的生命修家譜，弄清楚進化樹都在哪裡分叉。

TIPS
天下第一魚
....
「豐嬌昆明魚」是發現於雲南昆明市附近地層中的化石。這種生物生活於 5.2 億年前的寒武紀，頭部有鰓，身上長鰭，科學家認為牠是最古老長有脊椎骨的動物，是最古老的魚類，被譽為「天下第一魚」。
....

TIPS

所有昆蟲都是原口動
物，不過，蜘蛛、蚯
蚓不屬於昆蟲喔。

200 多年來，科學家們順著「人類」所占據的枝頭，一級級向樹幹追溯，以一些重要的生物特徵定位分叉點。每一個分叉點附近的生物，都稱得上我們人類的祖先。

在眾多分叉點中，有一個非常重要的基本點，由它分出的兩種動物類型，都會在胚胎發育為一團細胞球時出現一個溝，通內外的孔洞。如果這個洞最後發育成嘴，就是「原口動物」，比如昆蟲、蜘蛛、蚯蚓、河蚌等；如果在這個洞的後方另外長出一張嘴，洞本身發育為肛門，就稱為「後口動物」，海星、魚乃至人類都屬於後者。

後口動物中的人類祖先

這次發現的人類祖先，就是科學家們目前能追溯到的、最古老的後口動物。

牠名叫「冠狀皺囊蟲」，發現於陝西，生活於 5.35 億年前的寒武紀初期，比號稱「天下第一魚」的昆明魚還要早 1500 萬年。「天下第一魚」昆明魚尚且有 3 公分長，比得上一隻蝌蚪，被著名古生物學家舒德干院士稱為「剛剛創造出頭腦和原始脊椎的『宏型』祖先」。

「宏」就是「大」的意思，是相對於「微」而言的。如果說宏型生物肉眼可見，那麼微體生物就是些肉眼看不清的小不點了。作為一種微體生物，皺囊蟲的身體只有 1 毫米長，確實就像一粒微塵，棲息於海底的砂粒間。

不過這粒「微塵」卻很不簡單。西北大學的古生物學家韓健把牠放在顯微鏡和 CT（電腦斷層掃描）下觀察，發現牠長得圓滾滾的，還有一張大嘴巴，嘴巴外面環繞著幾圈皺褶，就像穿了幾根橡皮筋的褲腰。

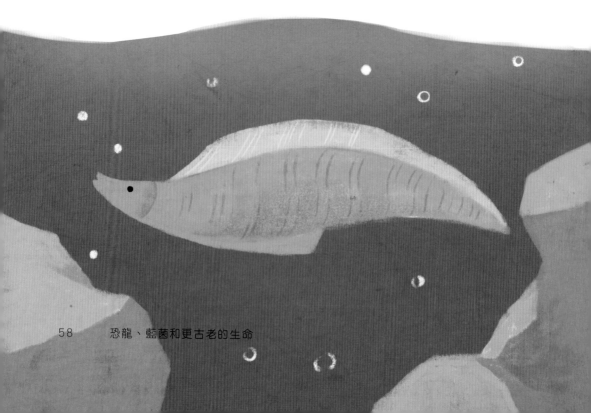

　恐龍、藍菌和更古老的生命

科學家們認為，這幾圈皺褶確實就像橡皮筋，放鬆了，皺囊蟲就大口進食；收緊了，牠就閉嘴消化，就像個口袋似的。「皺囊蟲」這個名字還真是名副其實。

　　而在這些小東西的身體兩側，各有四個微型「火山口」——牠們跟魚的鰓有著相似的作用，能把從嘴吞進去的水排出體外。這些最古老的鰓孔意義非凡，正是識別後口動物的重要特徵之一，也是將皺囊蟲定為魚類乃至人類祖先的關鍵所在。

　　此外，皺囊蟲口袋一樣的身體還擁有一層不錯的表皮，這層表皮不但結實，還很有彈性。科學家據此推測，皺囊蟲可以通過伸縮表皮的方式在海底蠕動身體。雖然做不到想怎麼動就怎麼動，但好歹不再隨波逐流，擁有了主動運動的能力。瞧牠們身上的刺，也許就像觸角和吸盤，不僅能幫牠們感知周遭的環境，必要時還能把自己固定在海底。

　　大風起於青蘋之末，一粒在寒武紀海底蠕動的「砂」掀起了動物界的大變革。要演化為最早的人類，還得經歷 5.35 億年的時光。儘管如此，小小的皺囊蟲，已經把生命帶上了通往智慧的征途。

11

走下樹，站起來，走出非洲

人類的老家在非洲，人類曾經兩次走出非洲。

從樹棲的古猿到成為直立行走、頭腦聰明的現代人，我們花了400多萬年。

地猿
（400萬年前）

南方古猿
（380萬年前）

巧人
（210萬年前）

直立人
（190萬年前）

智人
（20萬年前）

61

第一個里程碑：從樹上到地面

距今 600 萬～400 萬年前，非洲氣候溼潤，生長著茂密的樹林。

最早的古人類，如查德沙赫人、圖根原人、地猿等，在樹上生活時學會了伸直後腿、用後足蹬樹幹以借力的運動技巧，開發了後腿的功能。他們時不時翻下樹梢，嘗試在地面上用後腿直立行走，使自己既適應樹棲生活，又適應地上運動。

400 萬年前的地猿，正是猿與人的分界點。

第二個里程碑：嘗試直立

從 380 萬年前開始，非洲的氣候慢慢變得乾燥，再也無法孕育出大量森林。樹木漸漸減少，非洲大地變成了巨大的草原，只有稀疏的樹木在其上生長。

南方古猿、巧人等古人類相繼出現，他們摸索著在這個新的世界生存。失去了樹木的庇護，他們的住所不再安全；沒有了樹木提供的果實，他們需要尋找更可靠的食物來源。他們離開了以前賴以為生的樹木，長久的用後腿支撐，直起身子，加寬視野，以注意敵人，尋找食物。

第三個里程碑：直立行走

190 萬年前，我們祖先的身材變得高大，身體的比例變得更像現代人。他們有了新的名字——直立人。

至此，人類幾乎學會了直立行走的所有要點，其步態與現代人已經鮮少有差別。直立行走技能臻於完美，意味著人類具備了長途奔馳的能力。他們變得適合走長路、善於奔跑。這既讓他們遇險時容易逃命，也有利於他們追捕獵物。

第一次「走出非洲」

　　點亮新技能的直立人，一部分留在非洲，一部分追逐著遷徙的動物走上背井離鄉的路途——這就是人類歷史上第一次「走出非洲」。

　　第一批直立人從180萬年前開始走出非洲，向東穿過茫茫的歐亞大陸，在喬治亞、印度、斯里蘭卡、中國和印度尼西亞都留下了生活的痕跡。包括北京人、爪哇人在內的直立人都是這次大遷徙的結果。他們在亞洲安家，過著與世無爭的生活。

　　到60萬年前，第二批直立人從非洲遷入歐洲，成為日後尼安德塔人的祖先。

第二次「走出非洲」

　　時間快進至20萬年前，留守非洲的這些直立人，演化出了與今天的現代人在解剖結構上一樣的智人——這是一種腦容量更大，更懂得合作捕獵的新型人類。

欧亞板塊

非洲板塊

　　他們一出現就迅速遷移，開始了人類歷史上第二次「走出非洲」。智人與歐洲的尼安德塔人、亞洲的直立人遺民打打和和，把自己強大的基因注入子孫的血脈。到如今，尼安德塔人的基因還存在於很多現代人的染色體中，只是變得異常稀薄了。

　　這，就是我們祖先從非洲大陸走向世界的歷史。

'12

180 萬年前，一場說走就走的旅行

　　25 年前，喬治亞出土了一大批古人類化石。這個國家地處歐亞交界，距離有「人類的家鄉」之稱的東非不遠。這些化石代表著 180 萬年前的古人類，理應屬於直立人——也就是和北京猿人洞的「北京人」相似的人種。

　　可奇怪的是，他們腦子太小，個頭太矮，相貌太原始；他們不會使用火，甚至連製作的石器都太粗糙，完全達不到直立人的水準。

　　所有的古人類學家都在問：他們從哪裡來？他們是誰？他們的後繼者又去了哪裡？

從非洲到歐亞

　　世界各地的古生物學家像盲人摸象一樣，有的研究頭骨，有的研究腿骨，有的研究古環境……他們最終合起來開了個大會，互相交流，然後把研究得到的綜合在一起，終於能解答前言所說的三個問題了。

　　這些喬治亞的古人類和 200 多萬年前生活於非洲東部的一種早期人類外形相似，但他們嘴裡的牙齒卻更像進步的亞洲直立人。他們牙齒上的痕跡說明他們愛吃肉，還喜歡用牙咬裂動物的骨頭，吃裡面的骨髓。動物會遷徙，會跋涉千里尋找水草豐美的地方，而這些愛吃肉的古人類，恐怕就是從東非出發，一路追著獵物北上，離開豐饒炎熱的非洲，踏入了歐亞大陸的風雪。

　　喬治亞的古人類是目前已知的第一批走出非洲的原始人。

為生存進擊

　　這場遷徙是一場說走就走的旅行。

　　出發前他們沒有準備，沒有鍛鍊；他們還不夠聰明，大腦只有現代人的一半；他們走得還不穩，腳趾的形態說明他們像鴨子一樣搖搖擺擺；他們不會生火取暖，不會縫製衣物，沒有好工具，不懂搭房子……在他們北上時，地球已經進入冰川時代，歐亞大陸又比東非寒冷，他們是如何生存的呢？

　　讓我們想一想：人要在嚴寒之地生活下去，最需要的東西是什麼呢？是暖氣、羽絨衣，還是溫暖的房屋？這些都是不愁吃穿的現代人的答案，而古人類最需要的是——食物。食物是生命的燃料，吃下東西，才能確保大腦清醒、身體溫暖。

　　處於赤道地區的東非，沒有明顯的四季；沒肉吃的時候，吃素也能餵飽肚皮。但遠離東非的北方大陸夏榮冬枯，冬日冰封的大地不能供應多汁的植物。對這些古人類來說，沒食物吃，是餓死；放手一搏，最壞結果也就是死。於是那些為食物而進入喬治亞的祖先們，為了對付嚴寒，又開始為食物而改變——他們向猛瑪象投擲石塊，向狼舉起鋒利的石刀；他們打量劍齒虎和鬣狗的目光，和這些猛獸們打量獵物的目光一模一樣。

在寒冷的荒原上，他們以進擊的姿態生活，接受大自然的挑選，留下最強壯的後代，然後不再回頭，繼續追著獵物向東進發。

雲南的元謀、河北的泥河灣，還有印度尼西亞的爪哇島，都留下了這些先驅者的腳印。180萬年前一場說走就走的旅行，最終演變成轟轟烈烈的拓荒運動，嚴冬也把溫和的非洲祖先打造成了驍勇的獵手。

最苦的經歷，最終化為鐫刻於化石中的最甜的人類記憶，也讓我們記住了他們——這些非洲的孩子，歐洲的養子，亞洲的征服者。

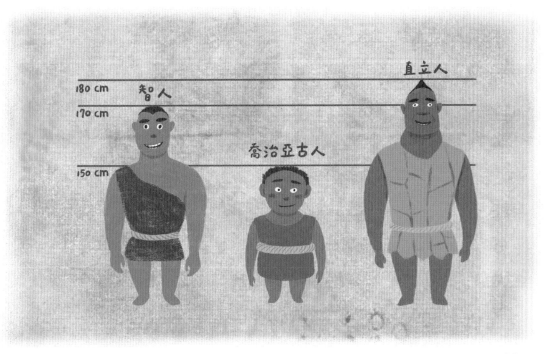

別小看一萬年前的這罐野菜湯

　　下面要講的主角是一罐野菜湯。

　　它不能喝，因為早就過有效日期了──那是在大概一萬年前，人類祖先煮的一罐野菜湯。有些報導裡面還說，在這個罐子裡發現了丁香、肉桂和八角，聽起來就好像一萬年前人類已經開始吃火鍋了⋯⋯這是真的嗎？

塵封萬年的野菜湯

這些野菜湯保存在今天的利比亞，毗鄰撒哈拉沙漠。想當年，這裡也是氣候宜人、水草豐美的地方，而且還沒有霧霾。在這裡，人類祖先過著上山打獵、下水捉魚的生活。

但是問題來了：動物畢竟是有限的，而打獵還需要技術和運氣，無法保證百分之百的成功率，怎麼辦？

很簡單，那就吃野菜好了——用罐子煮著吃。

不過，英國布里斯托大學領銜的科學家們是如何知道這個罐子煮過野菜呢？科學家叔叔，難道你們是舔罐子嘗出來的嗎？No，No，No，當然不是了。我敢打賭，就算是超級味覺者，肯定也嘗不出一萬年前野菜湯的滋味。那他們如何知道古人喝過野菜湯呢？

時間密碼：奇妙的碳元素

科學家們是通過分析陶罐碎片上殘餘的物質得出結論的。

....

在自然界中，除了前面提過的碳 12 和碳 13 之外，還有一種叫碳 14 的碳同位素，它的性質不如前兩者穩定，會自動「變身」成其他元素，同時放出射線和能量，這種性質就是「放射性」，而放射性同位素變身的過程就叫「衰變」。自然界中沒有放射性和有放射性的碳同位素比例恆定。有生命的生物體會呼吸、會代謝，身上的細胞時時刻刻與外界互通有無，放射性碳同位素——碳 14 的比例不會發生變化。一旦生物死亡，遺體中的物質就不會再和外界交換了，裡面的碳 14 不斷衰變，外界的碳 14 不再補充進來，碳 14 的比例就會隨時間不斷下降。因為衰變的速度是有規律的，所以科學家就可以根據生物遺體內外的碳 14 差值計算生物死亡的時間。

....

　　那些盛放、烹調過植物食材的罐子上，總會殘留著很多植物性的脂肪酸和蠟質。再通過鑑定這些成分中的「放射性碳同位素」含量，就可以知道它們是 8000 年前的植物留下的痕跡了。

　　鑑定後科學家發現，這些成分不僅來自陸生植物，還來自水生植物——古代人類還真是不挑食。

遠古吃貨們的偉大發明——烹飪

　　人類是典型的雜食性動物，動物類食物和植物類食物共同組成了我們的食譜。

相對來說，動物類的食物比較安全；但是植物就沒有那麼友好了。要想把植物納入食譜，必須解決兩個大問題：一是毒素的問題，二是消化的問題。

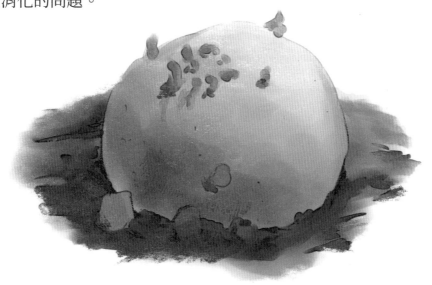

　　植物不會跑、不會跳，但是它們不會逆來順受，不會傻傻的等著動物去吃它們。絕大多數植物都裝備了五花八門的化學毒藥，來防備動物啃食。最具代表性的有蕨菜和杏仁中的氰化物殺手，還有馬鈴薯、番茄中的生物鹼魔頭，比起來柚子家的苦味物質都算是溫和的成分……面對這些厲害植物，許多動物只能退避三舍了。
　　有些植物的種子倒是沒有什麼毒性，比如水稻、小麥、狗尾草的種子，都是富含營養又無毒的食物來源。但是，人類的消化系統並不是專業的植物性消化系統，跟馬、牛、羊這些專業食草選手比起來，真的是差太遠了，完全無法消化這些植物種子。

看著隨處可見的植物食材卻無法入口，怎麼辦？人類祖先有了重大發現——煮東西吃真是個一舉兩得的好辦法。烹飪的意義就在於解決這兩個大問題：長時間的高溫蒸煮可以破壞植物中大部分的氰化物和生物鹼；與此同時，長時間的水煮也可以改變植物種子中澱粉和蛋白質的結構，讓它們變得更容易讓人類消化吸收。

尋找食物的一小步，進化的一大步

參與「野菜湯」研究的科學家還說，這個發現的意義並不僅僅是證明「人類很早就會做飯」這麼簡單，而是顯示人類在很久之前，就開始想辦法來擴展自己的食譜範圍。所謂「兵馬未動，糧草先行」，充足的食物來源對於人類走出非洲，衝向全世界，成為地球上的明星物種發揮了奠基石的作用。

哎呀，真想不到，一罐野菜湯經過科學家的分析，就成了通往新世界大門的鑰匙了。

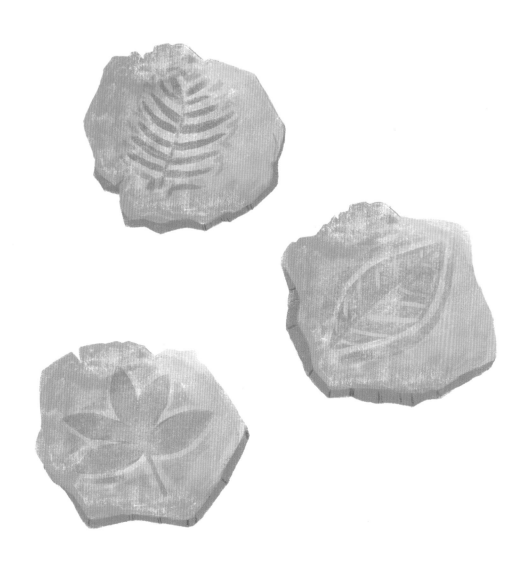

　　最後，附帶要糾正一下某些媒體的報導。這篇論文明明只是說在陶器上發現了植物的脂肪酸和蠟質，壓根就沒有提到有什麼香料。八角、肉桂和丁香的原產地都在亞洲，8000 年前怎麼可能被運到撒哈拉沙漠裡面去呢？

那是礫石？鹹菜疙瘩？不，那是恐龍大腦

2004 年的某一天，一個化石獵人在英國東南部踽踽獨行。他眼神銳利、掃視四方，突然，地上一塊手掌大小的黃褐色石頭吸引了他的注意。

TIPS
化石獵人

不同時間生存著不同的生物，只要認出代表特定時間段的地層沉積物，就可以找到特定的化石種類。具備專業化石知識的人，能夠根據這些來挖掘心儀的化石，他們就是化石獵人，其中有古生物學專家，也有業餘化石愛好者。

看似石頭的珍貴化石

這不是普通的礫石。

它表面殘留著遠古生物大血管的痕跡，交織著古老的膠質和微血管網，就連外層的神經組織也清晰可見——這是 1.3 億年前一頭白堊紀禽龍的完整大腦，也是迄今為止發現的第一塊恐龍大腦化石。

大腦是一種柔軟的組織，如果沒有頭骨保護，就會像嫩豆腐一樣易碎。這麼脆弱的組織，經過 1.3 億年的漫長時光，居然仍舊以化石的形式保存下來，這可以稱得上是奇蹟了。

恐龍大腦化石是怎麼形成的？

一般生物形成化石的有利條件有兩個：一個是生物本身擁有堅硬的身體，比如海螺的殼、恐龍的骨頭、樹木的莖桿等；另一個是生物被快速掩埋、與空氣隔絕，這樣它就不會馬上腐爛發臭，也不會被細菌、真菌完全分解。

有的時候，生物死亡後會遭遇特殊環境，以至於身體中的軟體部分也能保存下來，這就叫「特異埋藏」。

比如那塊大腦化石的主人——某隻倒霉的禽龍，死的時候就陷進了沼澤地裡。沼澤中的爛泥具有酸性，普通細菌和真菌無法生存，於是禽龍的遺體就不會腐爛。這個過程類似於中國南方人冬天醃鹹菜和臘肉，會設置一個不容易滋生細菌的環境，鹹菜和臘肉就不容易壞，可以吃一整個冬天。

大腦雖然不會腐壞，但沼澤中的礦物質會慢慢滲進大腦。隨著歲月流逝，堅硬的石質會替換掉原來的軟組織，同時把原來的大腦結構非常精細的複製出來，這就是大腦化石了。恐龍大腦化石非常珍貴，英國古生物學家們小心的用 CT 檢查它，這樣一來，即使不敲開化石，也能看清楚它的內部結構。

來自古老大腦裡的訊息

禽龍是以植物為食的鳥臀目恐龍，可以在「兩足著地」和「四足著地」之間自由切換。牠的兩隻「手」各有一根豎起的尖利拇指，是牠自衛的武器。

　　CT 檢查的結果發現，牠的大腦與鳥類很相似，但也具有鱷魚的部分特徵；而且腦容量似乎比科學家們預計的大，這說明：牠可能比我們想得更聰明。

　　禽龍大腦研究小組的前領導人布拉瑟教授在 2014 年因為車禍意外喪生。兩年後，他的同事們終於完成了他未能完成的事業，讓全世界了解到第一塊恐龍大腦化石和它記錄的訊息。

　　讓我們感謝這群科學家的慧眼吧。畢竟，許多偉大的事物在最開始出現時都像鹹菜疙瘩一樣平淡無奇。

戈壁上的巨大腳印

2016 年，日本和蒙古的古生物學家在戈壁沙漠裡發現了一隻大腳印。它有 1 公尺長、0.8 公尺寬！這麼大的腳丫子，要是被踩一下，基本上會變成肉泥吧……。

　　不過這隻腳印的主人已經死去幾千萬年了。古生物學家說，這隻腳印是一種叫「泰坦巨龍」的恐龍留下的。這麼大的腳印化石，算得上是全世界最大的恐龍腳印之一了。

體形龐大的溫和巨龍

泰坦巨龍生活在 9000 萬～7000 萬年前的白堊紀晚期。牠身軀龐大，可以長到 30 公尺長、20 公尺高，相當於 12 個成年人身高的總和。

科學家們曾經在南美洲發現了 6 具泰坦巨龍的骨架。經過測量計算，發現一隻泰坦巨龍的體重可達 77 噸，抵得上 10 隻暴龍！但是如果能搭乘時光機器回到白堊紀，我們就會發現，完全沒必要害怕這些龐然大物——泰坦巨龍是溫和的草食性恐龍，只要離牠遠一點，留心別被踩到就行啦。

牠和我們熟悉的梁龍一樣，屬於蜥腳類恐龍：脖子又細又長，輕而易舉就能吃到高大樹冠上的枝葉；四隻大腳著地，無論是站是走都穩重優雅。

雖然泰坦巨龍吃素，但這並不意味著牠好欺負。因為牠身高驚人，所以與牠同時代的任何肉食性恐龍都夠不著牠。肉食性恐龍如果餓昏了撲上去，還可能被泰坦巨龍踩個稀巴爛，所以還是不吃為妙。

神奇的是，雖然成年的泰坦巨龍個子大得驚人，牠的蛋卻只有 12 公分長，比鴕鳥蛋還要小一些……真不知道牠是怎麼長那麼大的。

足跡化石的獨特訊息

可能有的小朋友會問：「這個恐龍腳印附近會不會有恐龍骨骼化石啊？」嗯，你可跟科學家想到一起去了，科學家們目前也正在全力尋找骨骼化石。

另外，恐龍足跡和生痕化石還可以提供骨骼化石沒有的信息，比如想要知道恐龍走路的樣子，就得問一問足跡化石喔！

16

泥潭龍的「成年禮」：牙齒掉光光

很多動物都有牙齒，而且各有各的特點：大象的門牙伸得長長的，變成兩根顯眼的象牙；獨角鯨頭上那根長長的角，其實是突出唇外的犬齒；鯊魚牙齒雖然鋒利，卻容易脫落，所以一排牙齒根本不夠，要長五六排牙齒作後備，最外面一排掉了，第二排的就頂上，最裡面再萌發新的牙齒⋯⋯很多動物都像鯊魚一樣，一生中要經歷牙齒脫落再萌生的過程。這其中，我們最熟悉的就是人了。

乳牙和恆牙

　　每個人在一生中都能長出兩副牙齒，一副叫乳牙，一副叫恆牙。嬰兒從半歲左右就開始長乳牙了，2 歲半左右長齊 20 顆乳牙。但乳牙只是臨時的，等小朋友到 6、7 歲時就要開始換牙。也就是說，乳牙會一顆顆鬆動脫落，萌發出要用一輩子的恆牙。這個換牙的過程要持續到 12、13 歲才會結束。大部分的人會長出 28 顆恆牙，有些人則可以萌生出更多。多長出來的牙齒叫智齒，最多可以長出 4 顆，通常要到 17 歲左右接近成年了才萌生。恆牙比乳牙更堅硬、更耐用。

　　無論是鯊魚還是人類，都是要換牙的。可是科學家發現，有一種叫泥潭龍的恐龍，牠們小時候倒是有一口「乳牙」，正當年富力強時竟成了「癟嘴老太婆」！

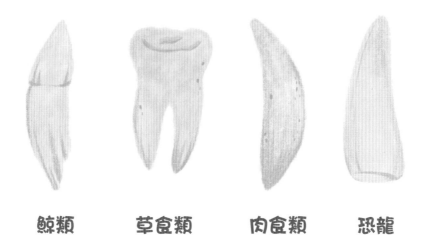

鯨類　　　草食類　　　肉食類　　　恐龍

牙齒掉光了！是恐龍吃太多糖了嗎？

中國首都師範大學的古生物學家王爍在新疆發現了 19 具侏羅紀的恐龍化石。這些恐龍，雖然年齡不同，但全都是泥潭龍。

奇怪的是：這種恐龍年紀越小，嘴裡的牙越多；大恐龍的嘴裡則完全沒有牙齒！有的小朋友可能要問了：「這些恐龍是不是吃了太多糖，牙都掉光了？」嗯，這是個非常可愛的想法，我們還是先來聽聽科學家怎麼說。

王爍和同事們一起研究了這些恐龍。最後，他們證實了兩件事：第一，成年泥潭龍的牙齒並沒有發生病變，掉牙肯定是牠們生長發育中的一個自然過程；第二，成年泥潭龍的肚子裡有一種叫「胃石」的東西，在小恐龍肚子裡卻看不到。

現代鳥類也和泥潭龍一樣，嘴裡沒牙，胃裡卻有石頭。於是，科學家們通過觀察鳥類等現代動物發現，動物長了胃石，就相當於在肚子裡長了一副「牙齒」——胃石的存在，能幫助動物們研磨食物，更好的消化和吸收食物。

鳥類雖然沒有牙齒，卻會吞下粗糙的沙礫，把它們儲存在胃裡，讓它們代替牙齒研磨食物。許多恐龍也有這種習性。有一些大型草食性恐龍（比如梁龍）肚子裡的胃石，一顆就重達幾公斤。

掉牙的重要性

對泥潭龍而言，掉牙是牠們的「成年禮」。

有牙齒時，牠們是什麼都能吃的雜食動物，不挑食，自然就容易生存、長得壯。成年後，牠們就只吃素了，大恐龍能夠用胃石碾碎那些有牙齒也嚼不動的草料，而把更多更優質的食物資源留給自家的小恐龍們，讓整個物種有更大的生存機會。

鳥是恐龍的後代，而泥潭龍跟鳥的祖先是近親。科學家認為，同樣是嘴裡沒牙的動物，也許今後對泥潭龍的研究，能告訴我們鳥類是怎麼在演化之路上，一步步「拋棄掉」自己的牙齒。

看來有牙沒牙，還真是一大學問呢！

中華龍鳥：身披魔術羽衣的假面大盜

　　一具挖掘於遼寧的恐龍標本，曾經成為世界的焦點。這條長不過 0.7 公尺的恐龍，竟然披著小雞那樣的絨羽！這也是人類第一次在鳥類以外的動物身上發現羽毛。

　　牠就是中華龍鳥──一種以鳥為名的恐龍。以牠為起點，中國北方接連發現各種帶羽毛的恐龍。這些美麗的生物，是一億多年前早白堊世「熱河生物群」的重要成員。

彩色羽衣與生存哲學

現在，科學家們不僅證明恐龍會長羽毛，與今天的鳥類是一家，還驗證了另一個重要的發現：這些羽毛中的色素能歷經億年保存下來。由此可見，恐龍時代披著羽衣的恐龍和鳥兒們，已經穿上彩色的衣服了。

中華龍鳥身披棕色和白色的羽衣，背上的顏色深，腹部的顏色淺。牠長長的尾巴有著深淺相間的條紋，越接近尾巴尾端，條紋就越寬。牠的臉更有趣，雖然大部分都是淺色的，但眼睛周圍卻覆蓋著深色的羽毛，一直延伸到腦後，活像戴著強盜眼罩的大盜。

英國的幾位古生物學家曾給幾具中華龍鳥化石全面檢查了身體。他們發現中華龍鳥的這身裝扮可不是隨便穿的，其中蘊藏著牠們的生存哲學。

TIPS
鳥羽的演化

鳥類化石中保存下來的微小色素體、琥珀中保存著的原始羽毛絲，為羽毛顏色體系的研究提供了部分訊息。古生物學家如今建立起了一種假說，認為羽毛大致經歷了 5 個階段，才從恐龍的皮膚衍生物逐漸演化成不對稱的鳥類飛羽。

強盜眼罩作用大

我們先來說說這搞笑的「強盜眼罩」吧。

其實,現代也有不少愛畫煙熏妝或戴個強盜眼罩之類的生物。這樣做一般有兩個目的:第一,遮光護眼。在樹木稀少的開闊地帶,尤其是波光粼粼的水邊,由於沒什麼遮擋,哪裡都白晃晃的,很刺眼。在眼睛周圍自備一片深色毛髮,就能吸收耀眼的光線,雖然沒有墨鏡好用,但也聊勝於無。

第二,隱藏視線方向。如果眼睛本身是深色,那麼用毛髮「做」個黑眼罩等於是把眼睛給藏起來了,眼珠上下左右的動向就不容易被發現,也就掩藏了動物下一步的動作。

科學家們認為,中華龍鳥的強盜眼罩應該是起遮光護眼的作用,牠生活的地方可能沒什麼樹,比較空曠。

中華龍鳥的「消影裝」

中華龍鳥可是一位相當了解光影之道的「穿衣達人」。得出這樣的結論當然要有證據，這就不得不提到牠那身看似平常的「深背白肚裝」了。

為什麼中華龍鳥背部顏色深，肚子顏色淺呢？有的小朋友也許會說：「大多數動物不是都這樣嗎？」沒錯，大家之所以都這麼做，是因為大多數動物都是背部朝上、腹部朝下走路的。天上有太陽作光源，被陽光照射的背部會變得明亮，如果動物全身上下都是一種顏色，那麼自然就會出現光影效果，落到別的動物眼裡，看起來背部明亮、腹部暗淡，對比明顯。而動物長成背部顏色深、腹部顏色淺的模樣，就是為了盡量抵消這種自然的光影變化，讓全身顏色均勻——這跟我們拍藝術照時周圍有人打反光板是一樣的道理。

顏色均勻的好處是讓身體關鍵部位的色調與環境更統一且不突兀。這樣一來，無論是躲避敵害還是伏擊獵物，都更隱蔽。

科學家們給這種深淺相對、抵消陰影的裝束起了個特別的名字：消影裝。通過計算消影裝上深淺色的比例，以及深淺過渡區的寬窄，就能知道動物生活環境的光照強度了。

中華龍鳥的深淺羽毛分明、背腹顏色過渡區很窄，這是生活在光照強烈的開闊地帶的明顯標誌。

尾巴條紋也有用

至於中華龍鳥那條漂亮的條紋尾巴嘛，因為它實在是太長了，所以中華龍鳥在走路時，不可能讓它和身體一樣與地面保持水平，也就沒辦法用消影裝隱藏。

於是牠就反其道而行，把尾巴用條紋裝飾起來，就像我們人類社會路旁的防撞桿一樣醒目。這樣一來，不論是天敵還是獵物都容易被混淆視聽。讓牠們只注意中華龍鳥的尾巴去！反正它夠長，離身體的要害也夠遠，關鍵的時候可以「丟卒保車」。

好啦，現在大家知道中華龍鳥為什麼穿這麼一身裝了吧？

蒙受冤屈的偷蛋龍

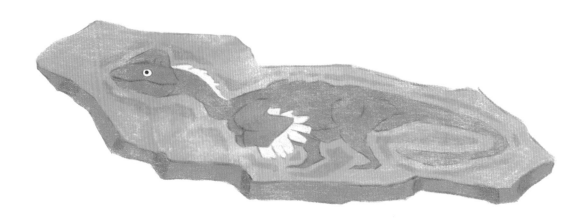

7000 萬年前的某一天，一隻漂亮的恐龍正悠閒的散步著。牠身披羽毛，頭頂長著圓形的頭冠，一張鸚鵡嘴發出開心的咯咯聲。

突然，牠一腳踩進了一片爛泥裡，整個身體向前栽去！原來牠陷入了一片沼澤——牠伸展自己的四肢，拼命上下撲騰；又高高昂起腦袋，盡力不讓泥水淹過鼻孔……可惜，這一切都沒用了，爛泥還是淹沒了牠的呼救聲……

牠的身體，最終沉入了泥塘。

重見天日的沉潭恐龍

有時候，悲傷的故事會變成永久的傳奇。

幾千萬年過去了，江西贛州的一個普通工地上爆出了一條奇聞：當地的工人和農民在用炸藥炸山時，炸出了一具恐龍骨架。爆炸產生的衝擊波把它從山岩上掀起並裂成三段，但拼合起來，仍是一條完整的恐龍。這具化石四肢平展、脖頸昂起，似乎正振翅欲呼。

當地人把這具恐龍骨架交給了中國地質科學院地質研究所的古生物學家呂君昌。呂博士和他的同事經過研究，明白了這隻恐龍的悲慘身世——那就是文章開頭的悲傷故事。因為這隻恐龍發現於江西贛州的通天岩附近，又是不幸的淹死在泥潭中，所以他們給牠起名「泥潭通天龍」。

偷蛋龍，不偷蛋

泥潭通天龍屬於偷蛋龍科。說起偷蛋龍這個種類，就不得不提及牠們蒙受的不白之冤。

1924 年，古生物學家在一窩恐龍蛋中第一次發現了偷蛋龍類恐龍的骨頭。他們覺得，這隻恐龍可能是來偷蛋吃的，所以把牠叫作「偷蛋龍」。直到 60 多年後，人們才發現這類恐龍大多根本不是在偷蛋，而是在孵自己的蛋！

　　牠們蹲守在滿滿一窩蛋上，慈愛的用長有羽毛的前肢為孩子們遮風擋雨。古生物學家們甚至在牠們身下的蛋裡找到了成形的恐龍寶寶，和大偷蛋龍長得一模一樣，證明牠們確實就是寶寶的母親。

　　可由於科學家們在給生物起名時要遵從「優先律」，所以偷蛋龍的冤屈雖然洗清了，但這倒霉的名字卻改不了。這還真印證了一句話——人生，喔不，龍生不如意，十之八九啊。

　　然而不管怎樣，偷蛋龍都以牠們完全不同於普通爬行動物的羽毛和親代撫育行為清晰的向古生物學家們描繪出了恐龍向鳥類演化的可能路線。

　　希望中國這塊盛產長著羽毛恐龍的熱土，能給我們帶來更多驚喜。

TIPS
親代撫育行為

. . . .

指動物中父母一輩餵養、撫養兒女，提高牠們存活的概率。有親代撫育行為的動物不像魚、海龜那樣，把蛋下完就拍拍屁股離開，任其自生自滅。一般來說，牠們產的寶寶數量較少，但牠們情願犧牲自己的時間也要讓寶寶盡可能受到更多的照料，重「質」不重「量」。

. . . .

19

恐龍滅絕是因為孵蛋時間太長了嗎？

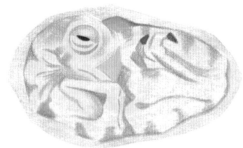

　　不知道大家有沒有孵過小雞？當然，人們孵小雞，不需要像雞媽媽那樣坐在雞蛋上孵，而是把雞蛋放在一個溼度適宜的箱子裡，用一個溫暖的燈泡提供熱能，經過 21 天的孵化，小雞寶寶就孵出來了。

　　孵化小雞只要二十幾天，那麼問題來了，如果我們要孵化一隻恐龍，需要多長時間呢？

　　現在科學家找到了一些線索，證明小恐龍們至少需要 3 個月的時間才能從蛋殼裡面爬出來。想孵化恐龍蛋的話，這個挑戰難度可不小呢。

從牙齒看年齡

　　很多人肯定會問，那些恐龍蛋都成化石了，科學家怎麼能從一塊石頭上看出恐龍孵化的時間長短呢？難道不同孵化時間的恐龍還有特殊的標籤不成？

　　嗯，大家還真說對了。不同孵化狀態的恐龍寶寶確實是有標籤的，那就是恐龍的牙齒。恐龍的牙齒跟人類的牙齒一樣，表面看起來就是一整塊結實的小石頭，但實際上，這牙齒可不是一天就長成的。

　　在牙齒的生長過程中，堅硬的礦物質每天在牙骨質中沉積，每一天都會留下一圈痕跡，就像樹木的年輪或者鐘乳石的紋層那樣。通過數圈圈，我們就能知道這隻恐龍的年齡了，包括恐龍蛋裡面的恐龍寶寶也是如此。

　　恐龍寶寶生下來就是有牙齒的，不像剛出生的人類寶寶那樣像個沒牙的小老頭。另外，與牙齒的增長線類似的，骨骼中的生長線也可以作為評判生物年齡的依據。

孵化時間越長，危險越大嗎

　　舉個例子來說，原角龍寶寶從胚胎開始直到見到外面的陽光，至少需要 3 個月的時間。在相同的時間裡，小雞寶寶已經長成跟爸爸、媽媽差不多的樣子了。可恐龍孵化時間更長，碰到各種天災和意外的可能性都會成倍上升，這大概也是遠古恐龍沒有活到今天的原因之一。

　　可是要說到恐龍蛋為什麼孵化得這麼慢，就不得不談談恐龍和鳥對孵蛋這個任務的態度差異了。鳥孵蛋嘛，大多數很認真，看看雞媽媽，基本是寸步不離。恐龍是已滅絕的生物，沒法直接觀察，科學家就在牠們的蛋殼上做文章。

恐龍蛋為什麼孵得慢

　　恐龍蛋的蛋殼看上去密不透風，其實有很多肉眼不易發現的小孔。它們像蛋「房子」上的窗戶，方便恐龍寶寶呼吸。孔越小，說明外界的通風越好；孔越大，說明外面悶氣，必須「大口呼吸」。科學家根據蛋殼上孔的大小，認為大孔的蛋是埋在土裡孵化的，小孔的則暴露在空氣中。這說明，有的恐龍不太負責任，像鱷魚那樣把蛋隨便往土裡一埋就算了；有的恐龍則會做個土窩，讓蛋半躺在土裡，然後像母雞一樣坐在蛋上，張開雙臂保護它們。

　　蛋的孵化要靠熱能。土壤裡的草葉腐爛時會散發熱能，土壤本身也會吸收太陽的熱能，但這個產熱的過程比較漫長。比如鴨嘴龍，牠的蛋就是埋在土裡的，小恐龍要花 6 個月才能破殼而出。而會抱窩孵蛋的偷蛋龍卻能為自己的寶寶們帶來更多熱能，牠們的體溫介於普通爬行動物和鳥類之間，蛋的孵化速度就會快得多。

　　但即使是偷蛋龍這樣盡責的媽媽，自身條件也比不上鳥：體溫太低，孵化時間還是過長；土窩築在地上，蛋容易被其他壞傢伙偷走、踩爛。

相反，那些恐龍的後裔——鳥類，卻有更成熟的保暖和循環系統，能把窩架到樹上，讓大多數陸生動物搆不著。牠們為自己的蛋寶寶掙得了更好的待遇，以更快的孵化速度、更短的生長周期，成為替代恐龍的角色，一直生活到了今天。

　　最後，提醒一下，如果大家真的想體驗孵恐龍蛋的樂趣，就從孵雞蛋開始練習吧。不過市場上出售的雞蛋是不能孵出小雞的，這是為什麼呢？不妨動腦筋想一想。

　恐龍、藍菌和更古老的生命

雞蛋要孵出小雞，必須由雞爸爸送給雞媽媽一顆「種子」，這個過程叫「受精」。
市場上賣的雞蛋裡大多沒有雞爸爸的「種子」，沒有「受精」，所以無法孵出小雞。

20

恐龍的末日，猶如災難片

　　恐龍為什麼會滅絕？有關這個問題的討論，自恐龍發現以來就沒有停止過。迄今為止，最深入人心的，莫過於「小行星撞擊說」了。

恐怖的「天外來客」

20 世紀 80 年代，美國物理學家與地質學家阿爾瓦瑞茲父子發現，在白堊紀和古近紀地層交界線的黏土層中，「銥」這種金屬的含量非常高，形成了一個廣布全球的銥富集層。科學家們把這種現象叫作「銥異常」。銥在地殼中非常少，在隕石中卻比較多。因此，這層全球廣布的「銥異常」黏土層恐怕就是「天外來客」拜訪的證據。

1990 年，科學家們果然在墨西哥的猶加敦半島找到了一個巨大的隕石坑，它的年代與銥異常的時代很接近。這個名叫「希克蘇魯伯隕石坑」的大傢伙直徑超過 180 公里！這個長度相當於從臺北到雲林，即使乘坐高鐵也要一個多小時——真是恐怖至極。

銥異常和希克蘇魯伯隕石坑讓許多科學家確信：在 6600 萬年前，一顆直徑 10 公里以上的小行星撞擊了地球，使恐龍滅絕，同時抹殺掉地球上三分之二以上的動植物。

恐龍、藍菌和更古老的生命

除了植物以外，一種生物總得吃其他的生物才能活下去。所謂「大魚吃小魚，小魚吃蝦米」，這種一環套一環的關係就像一條鏈條，哪一環斷了都會引起生態系統的變化。恐龍末日時的白夜讓植物大量死亡。正是因為食物鏈的最初一環岌岌可危，才引發了可怕的大滅絕。

絕望的「白夜」

然而，並非所有的恐龍、所有的動植物都是被直接砸死的。小行星撞擊事件還帶來了許多後續災難，比如與銥異常和隕石坑相當的地層裡就有著巨量的灰分。

不難想像，小行星就像一顆巨大的炸彈，把墜落地周圍廣大地區的生物都轟成了渣，烤成了炭。同時，森林大火遍布全球，爆炸激起的蘑菇雲直衝雲霄，造成灰分飛揚。2017 年，美國的一隊科學家用計算機推演了白堊紀末小行星撞擊後的環境影響。他們發現，把這些灰分說成「遮天蔽日」可是一點都不為過。

當時，很大一部分灰分在大氣層中停留了相當長的時間。在地表的動物看來，太陽變得像月亮一樣黯淡，天地之間也黑得像夜晚；甚至有時太陽所提供的光亮還不如滿月夜的一半。而且，這樣的「白夜」持續了一年以上……所有的動植物都像被關進了小黑屋，只有常年在濃密綠蔭下生存的陰性植物和慣於在黑夜裡活動的夜行性動物，才能適應這樣的光線條件。

大多數植物無法進行光合作用，最終死去。食物鏈中斷了，動物也沒有了食物。

TIPS
灰分

經歷高溫後留下的灰燼，可以指煤灰、火山灰、火山渣等等。

可怕的冰河時期和強輻射

　　不僅如此，這樣的「白夜」還讓地表溫度急劇下降：陸地平均溫度下降了 28 度，海洋表面溫度下降了 11 度。本來白堊紀末在地球歷史上是個溫室時代，平均溫度比現在要高 7 度，可即使是這樣的地球大溫室，也在小行星撞擊後突然跌入冰窖。地球的中高緯度地區都是冰天雪地，只在熱帶地區有幾個零星的避難所——這個可怕的冰河時期長達 3、4 年。

之後，對那些終於守得雲開見月明的倖存生物來說，撞擊發生五年後，煙塵散盡，牠們迎來的不是生存希望，反而是另一重無形的危機——原來，在過去幾年裡，灰分曾直衝雲霄之上，竄升到 90 公里的高空。它們停留在那裡大量吸收熱能，使地球上層大氣的溫度上升了50～200 度，對臭氧層造成了毀滅性的打擊。於是當地表重見天日時，太陽散發出的有害射線失去了大氣層的阻擋，全部到達地球。這對倖存生物又是一場毀滅性的災難。

　　一顆直徑 10 公里的小行星級炸彈，持續數月的森林大火，一年多不見天日的「白夜」，數載難熬的冰天雪地，再暴露於超強輻射的臭氧層空洞下……恐龍滅絕已經不算什麼了，地球上的高等生命還沒死絕，都是個奇蹟了吧。

　　地球生命們的演化和生存之路，真是坎坷，而這些生命又是多麼頑強堅韌啊！

兒童輕科普系列

生物飯店：
奇奇怪怪的食客與意想不到的食譜

史軍／主編

臨淵／著

你聽過「生物飯店」嗎？
聽說老闆娘可是管理著地球上所有生物的吃飯問題，
任何稀奇古怪的料理都難不倒她！

動物的特異功能

史軍／主編

臨淵、楊嬰、陳婷／著

在動物界中，隱藏著許多身懷絕技的「超級達人」！
你知道牠們最得意的本領是什麼嗎？

當成語遇到科學

史軍／主編

臨淵、楊嬰／著

囊螢映雪，古人可以用來照明的螢火蟲，是腐
爛後的草變成的嗎？
快來跟科學家們一起從成語中發現好玩的科學
知識！

花花草草和大樹，我有問題想問你

史軍／主編
史軍／著
最早的花朵是怎麼出現的？種樹能與保護自然環境畫上等號嗎？多采多姿的植物世界，藏著許多不可思議的祕密！

星空和大地，藏著那麼多祕密

史軍／主編
參商、楊嬰、史軍、于川、姚永嘉／著
除了地球之外，廣闊的宇宙中還會有其他生命嗎？
如果有，這些生命會是什麼樣子呢？

恐龍、藍菌和更古老的生命

史軍／主編
史軍、楊嬰、于川／著
地球上出現過許許多多種不同的生命形態。
快來坐上時光機，探尋古老生命的祕密！

你也想脫離
滑世代一族嗎？

等公車、排熱門餐廳
不滑手機實在太無聊？

其實只要一本數學遊戲書就可以打發你的零碎時間！
《越玩越聰明的數學遊戲》大小不僅能一手掌握，豐富題型更任由你挑，就買一本數學遊戲書，讓你的零碎時間不再被手機控制，給自己除了滑手機以外的另類選擇吧！

7-99 歲
大小朋友都適用！

國家圖書館出版品預行編目資料

恐龍、藍菌和更古老的生命／史軍主編;史軍,楊嬰,
于川著.－－初版一刷.－－臺北市：三民，2021
　　面；　　公分.－－（科學童萌）

　　ISBN 978-957-14-7211-9　（平裝）
　　1. 科學 2. 通俗作品

307.9　　　　　　　　　　　　　　110008069

恐龍、藍菌和更古老的生命

主　　　編	史軍
作　　者	史軍　楊嬰　于川
裝幀設計	DarkSlayer
插　　畫	陳姝亦
責任編輯	朱永捷
美術編輯	杜庭宜

發 行 人	劉振強
出 版 者	三民書局股份有限公司
地　　址	臺北市復興北路 386 號 (復北門市) 臺北市重慶南路一段 61 號 (重南門市)
電　　話	(02)25006600
網　　址	三民網路書店 https://www.sanmin.com.tw

出版日期	初版一刷 2021 年 7 月
書籍編號	S361000
I S B N	978-957-14-7211-9

主編：史軍；作者：史軍、楊嬰、于川；
本書繁體中文版由 廣西師範大學出版社集團有限公司 正式授權

圖書許可發行核准字號：文化部部版臺陸字第 109026 號

三民書局